ISBN 978-3-662-26823-0 ISBN 978-3-662-28284-7 (eBook)
DOI 10.1007/978-3-662-28284-7

Die in den Sitzungsberichten Abtlg. I und Abtlg. II der math.-nat. Klasse der Österr. Ak. d. Wiss. erscheinenden Abhandlungen werden auch einzeln abgegeben. Sie können durch jede Buchhandlung oder direkt durch die Auslieferungsstelle der Österreichischen Akademie der Wissenschaften (Wien I, Singerstraße 12) bezogen werden.

Nachfolgende Abhandlungen aus den Fächern **Geologie, Mineralogie** und **Geographie** sind erschienen:

1959 (S I Bd. 168):

Flügel Helmut und Maurin Viktor: Ein Vorkommen vulkanischer Tuffe bei Eibiswald (Südweststeiermark). S 4.50

Hanselmayer Josef: Beiträge zur Sedimentpetrographie der Grazer Umgebung XI. Petrographie der Gerölle aus den pannonischen Schottern von Laßnitzhöhe, speziell Grube Griessl (mit 6 Figuren auf 3 Tafeln). S 40.10

Leischner Winfried: Zur Mikrofazies kalkalpiner Gesteine (mit 17 Textabbildungen, davon 1 auf einer Beilage und 6 Tafeln). S 52.40

Mitzopoulos M.: Erster Nachweis von Gosauschichten in Griechenland (mit 3 Textabbildungen und 2 Tafeln). S 16.30

Sander Bruno: Beiträge zur morphologischen Kennzeichnung der Erde. S 89.—

Thurner Andreas: Die Geologie des Gebietes zwischen Neumarkter und Perchauer Sattel (mit 5 Textabbildungen). S 15.50

1960 (S I Bd. 169):

Hanselmayer J.: Beiträge zur Sedimentpetrographie der Grazer Umgebung XIII. Ein „Andesit-Gerölle“ aus der Sandgrube in Dornegg bei Nestelbach-Schemerl (mit 2 Abbildungen auf 1 Tafel). S 11.—

Hanselmayer J.: Beiträge zur Sedimentpetrographie der Grazer Umgebung XIV. Petrographie der Gerölle aus den pannonischen Schottern von Laßnitzhöhe, speziell Grube Griessl (mit 4 Textabbildungen und 2 Tafeln). S 20.—

1961 (S I Bd. 170):

Hanselmayer Josef, Beiträge zur Sedimentpetrographie der Grazer Umgebung XV. Petrographie der pannonischen Schotter von Hönigthal (mit 1 Textabbildung und 1 Tafel). S 170–11, S 26.90

Hanselmayer Josef, Beiträge zur Sedimentpetrographie der Grazer Umgebung XVI. Ein massiges, grünlichgraues Porphyroidgerölle aus den pannonischen Schottern von der Platte-Graz (mit 1 Tafel). S 170–30, S 9.–

Vaché Raimund, Prädiluviale Hochgebirgsbrekzien im mittleren Wettersteingebirge (mit 3 Textabbildungen und 1 Beilage). S 170–31, S 15.–

1962 (S I Bd. 171):

Hanselmayer Josef, Beiträge zur Sedimentpetrographie der Grazer Umgebung XVII. Fund eines Lazulith-Quarzfels-Gerölles im Würmglazialschotter von Graz (Don Bosko) (mit 4 Abbildungen auf 1 Tafel) 171–1, S 9.–

Hanselmayer Josef, Beiträge zur Sedimentpetrographie der Grazer Umgebung XVIII. Erster Einblick in die petrographische Zusammensetzung steirischer Würmglazialschotter (speziell Schottergrube Don Bosko, Graz) (mit 4 Abbildungen auf 2 Tafeln) 171–3, S 47.–

Kaumanns M., Zur Stratigraphie und Tektonik der Gosauschichten. II. Die Gosauschichten des Kainachbeckens (mit 8 Abbildungen und 3 Tafeln) 171–17, S 50.–

Kristan-Tollmann Edith und Tollmann Alexander, Die Mürzalpendecke – eine neue hochalpine Großeinheit der östlichen Kalkalpen (mit 1 Abbildung) 171–2, S 37.–

Schoklitsch Karl, Untersuchungen an Schwermineralspektren und Kornverteilungen von quartären und jungtertiären Sedimenten des Oberpullendorfer Beckens (Landseer Bucht) im mittleren Burgenland 171–4, S 124.–

Tollmann Alexander, Die Frankenfelser Deckschollenklippen der Grestener Klippenzone als Typus tektonischer Deckschollenklippen 171–6, S 12.–

Winkler-Hermaden Arthur, Die jüngsttertiäre (sarmatisch-pannonisch-höherpliozäne) Auffüllung des Pullendorfer Beckens (= Landseer Bucht E. Sueß') im mittleren Burgenland und der pliozäne Basaltvulkanismus am Pauliberg und bei Oberpullendorf – Stoob (mit 5 Textabbildungen, 5 Tafeln mit je zwei Lichtbildern in Schwarzdruck und 3 Tafeln in Farbdruck) 171–5, S 84.–

Quantitative papierchromatographische Alkalibestimmungen

Von K. Becherer

Mit 5 Textabbildungen

(Vorgelegt in der Sitzung am 21. April 1966)

1. Problemstellung

In der vorliegenden Abhandlung sollte versucht werden, quantitative papierchromatographische Trennungs- und Bestimmungsverfahren für die Alkalien auszuarbeiten. Neben dieser grundlegenden Arbeit sollte noch untersucht werden, inwieweit diese Verfahren für praktische Mineralanalysen anwendbar sind bzw. inwieweit bestehende analytische Arbeitsgänge und -vorschriften den neuen Bedingungen angepaßt werden müssen. Gegenüber den vorhandenen naßchemischen Möglichkeiten sollte der Zeitbedarf und die Genauigkeit der papierchromatographischen Methoden abgesteckt werden.

2. Apparaturen

Von den drei Möglichkeiten, Papierchromatogramme anzufertigen, nämlich:

A) Eindimensionale Streifenchromatogramme
B) Ein- oder zweidimensionale Bogenchromatogramme
C) Ringchromatogramme

wurde die erste Methode gewählt. Es wurde stets absteigend gearbeitet. Dazu war folgender apparativer Aufwand nötig:

a) Ein geeigneter Chromatographiekasten. Dieser wurde in Anlehnung an die Apparatur nach Consden, Gordon und Martin gebaut:

In einem Metallrahmen mit den Abmessungen 43 × 28 × 39 cm wurden Glasscheiben eingepaßt und mit säurefestem Kitt so befestigt, daß eine oben offene Wanne entstand. An den Schmalseiten des Kastens wurden oben Drahtbügel, die, um eine Korrosion durch Säuredämpfe hintanzuhalten, mit englumigen Gummischläuchen überzogen waren, dergestalt angebracht, daß sie eine etwa 30 cm lange und 150 cm^3 Flüssigkeit fassende Küvette zu tragen vermochten. In die Küvette paßte eine etwa 4 cm hohe und 0,3 cm starke Glasplatte, die durch ihr Gewicht auf die später einzubringenden Papierstreifen drückte und so ein Herausgleiten derselben verhinderte. Damit die herunterhängenden Papierstreifen nicht an den Wandungen der Küvette haften bleiben, wurden in einem Abstand von etwa 1 cm parallel zu ihr an den Metallbügeln ca. 1 cm dicke Glasstäbe befestigt. Die Papierstreifen wurden sodann über die Glasstäbe gelegt und die Startpunkte der zu chromatographierenden Lösungen etwa 1 cm unterhalb der Glasstäbe gewählt. Diese Anordnung war insoferne günstig, da beim späteren Darüberstreichen der beweglichen Phase das zu untersuchende Gemisch nicht unkontrollierbar über die Küvette oder die Glasstäbe abrinnen konnte.

Um den Kasten während der Arbeit luftdicht abzuschließen, wurde am oberen Metallrahmen eine starke Schaumgummiauflage angebracht. Auf diese wurde dann eine 43 × 30 cm große und 1 cm starke Glasplatte gelegt und diese mit Zwingen an dafür vorgesehenen Halterungen am Metallrahmen festgeschraubt. Zur Sättigung der Atmosphäre innerhalb des Tanks wurde jeweils einige Stunden vor Arbeitsbeginn eine flache Schale mit den entsprechenden Lösungsmittelgemischen, mit denen chromatographiert werden sollte, eingebracht.

b) Chromatographiepapier.

Zur Verfügung stand Papier Schleicher & Schüll 2043b, mgl. Seine Eigenschaften sollen dem Standardpapier Whatman Nr. 1 ähnlich sein. Aus den 50 × 60 cm großen Bögen wurden in der auf dem Papier eingestanzten Pfeilrichtung Streifen von 40 cm Länge und 4 cm Breite geschnitten. Die Startpunkte befanden sich 8 cm von einem Ende entfernt. Mittels dieser Streifenabmessungen konnten jeweils 10—12 Chromatogramme gleichzeitig im Tank durchgeführt werden.

c) Auftragspipette und Sprühapparatur.

Als Auftragspipetten dienten Mikropipetten mit einem Fassungsvermögen von 20 Mikroliter und einer Kalibrierung von 0,5 μl. 0,1 μl sind noch gut schätzbar.

Zum Entwickeln der Chromatogramme wurde eine Sprühapparatur verwendet, bei der mittels eines Druckausgleichskörpers ein Überdruck auf die im Kölbchen befindliche Flüssigkeit ausgeübt wird, so daß bei der Düse ein kontinuierlicher feiner Sprühstrahl austritt.

3. Experimentelles

Neben den allgemeinen papierchromatographischen Arbeitsgängen, welche Metall-Ionen nachweisen (LINSTEAD—LEDERER, ferner POLLARD, McOMIE und Mitarbeiter, CRAMER), liegen Spezialtrennungsverfahren für die Alkalien vor. So trennen POLLARD und Mitarbeiter die Ionen mit einem Gemisch von Collidin und 0,4 normaler Salpetersäure im Verhältnis 1:1. Die Alkalien müssen hierbei als Nitrate vorliegen. Die Entwicklung der Alkalien erfolgt mit Violursäurelösung. Erdalkalien können mit einem Gemisch von 0,5%iger Oxinlösung und 60%igen Äthylalkohol, nachherigem Räuchern mit Ammoniak und Beobachtung im UV sichtbar gemacht werden.

BURSTALL—DAVIES u. a. trennen die Ionen, die in Chloridform vorliegen müssen, mittels Methanol in neutraler Lösung. Die Entwicklung erfolgt mit einem Gemisch von Silbernitrat und Fluorescein und nachheriger Beobachtung im UV.

ERLENMEYER, HAHN, SEILER und SORKIN trennen mittels eines Gemisches von 80 Vol.-% 96%igen Äthylalkohol und 20 Vol.-% 2 n-Essigsäure. Die Alkalien müssen in Azetatform vorliegen. Entwickelt wird mit 0,1 m-Violursäurelösung.

Um mittels der genannten Trennungsverfahren quantitative Aussagen machen zu können, wurde zunächst mit Eichlösungen, die aus Reinstoffen hergestellt waren, experimentiert.

Zunächst wurde versucht, die Alkalien nach POLLARD u. a. zu bestimmen. Dafür wurden die entsprechenden analysenreinen Nitrate herangezogen und in Wasser gelöst. Es wurden jeweils 10%ige Lösungen verwendet. Auf die Startpunkte der Papierstreifen wurden stets 10 µl der Nitrate aufgetragen und nach kurzem Antrocknen mit einem Gemisch von Collidin und 0,4 n HNO_3 im Verhältnis 1:1 chromatographiert. Die Laufstrecke betrug, wie bei allen übrigen Chromatogrammen, etwa 30 cm, die Laufzeit etwa 8 Stunden. Bevor die Front am unteren Ende der Papierstreifen ankam, wurde diese mit Bleistift markiert, sodann die Streifen getrocknet, mit einer Lösung, die 0,5 g Oxin in 100 cm^3 60%igen Äthanol enthält, besprüht und nachher mit Ammoniakdämpfen geräuchert. Alkalien waren nicht sichtbar, nur Ca^{2+}, das versuchsweise mitchromatographiert wurde, zeigte sich um UV als grüner, scharf begrenzter Fleck. Erst durch intensives Besprühen mit Violursäure traten die Alkalien als verwaschene, schwach rosa gefärbte Flecke zutage. Die R_F-Werte[1] stimmten mit denen von den Autoren angegebenen gut überein:

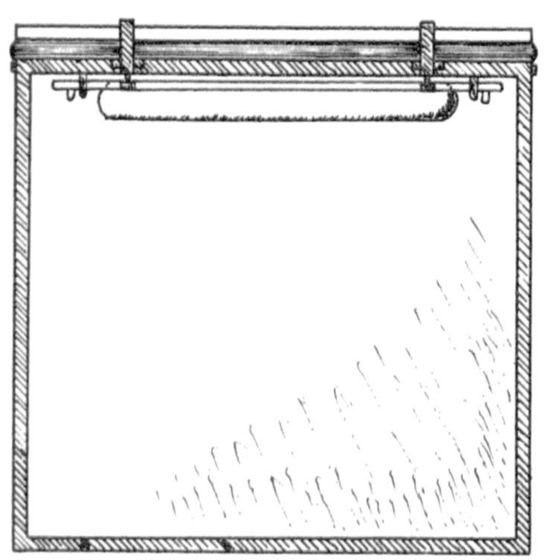
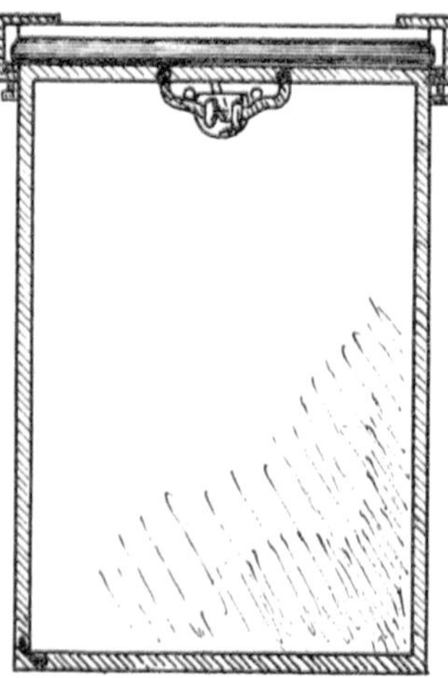

Abb. 1. Chromatographiekasten.

Tabelle 1

Ion	R_F-Lit.	R_F beob.
Ca^{++}	0,52	0,50
K^{+}	0,32	0,33
Na^{+}	0,42	0,44
Li^{+}	0,51	0,53

Wegen der äußerst schwachen Farbreaktionen der Alkalien, deren Ursachen bei der Diskussion der Ergebnisse nach der Methode von Erlenmeyer geklärt werden sollen, war es praktisch hoffnungslos, quantitative Bestimmungsmöglichkeiten nach diesem Verfahren auszuarbeiten.

[1] R_F-Wert ist die Entfernung des Fleckmittelpunkts im Verhältnis zur Entfernung der Lösungsmittelfront vom Startpunkt. Er ist stets kleiner als 1. Sein Wert ist von dem Verteilungsgleichgewicht zwischen der beweglichen Phase (Lösungsmittel) und der stationären Phase (OH-Gruppe der Zellulose) abhängig.

Auch die Versuche, die Trennungsverfahren nach Burstall—Davies für quantitative Bestimmungen heranzuziehen, schlugen fehl. Es gelang zwar, die Alkalien, die als Chloride vorliegen müssen, infolge ihrer weit auseinanderliegenden R_F-Werte vollständig zu trennen. Exakte Aussagen aus den Fleckgrößen oder deren Gewichte über die Menge der chromatographierten Stoffe waren nicht möglich, lediglich eine halbquantitative Schätzung des ungefähren Mengen- und Mischungsverhältnisses war durchführbar.

Für die Versuche wurden 10%ige wäßrige Lösungen der Alkalichloride gewählt. Die Laufzeiten der Chromatogramme schwankten zwischen 4 und 6½ Stunden, die Laufstrecken lagen wiederum um 30 cm. Nach dem absteigenden Chromatographieren mit CH_3OH bei 20°C wurden die Papierstreifen zwecks Verjagen des Methanols einige Zeit bei 60° getrocknet und hernach mit 0,1%iger wäßriger Fluorescein-Lösung besprüht. Darnach wurde mit 10%iger $AgNO_3$-Lösung besprüht. Die prächtige gelbe Farbe des Papieres schlug dabei augenblicklich in ein sattes Rotbraun um, nur wo sich die Stellen der getrennten Alkalichloride befanden, blieb die ursprüngliche gelbe Farbe bestehen. Die Flecke fluoreszierten im UV deutlich gelbgrün. Der Reaktionsmechanismus ist so zu erklären, daß durch Besprühen mit $AgNO_3$-Lösung die Löslichkeit des Fluoresceins weitestgehend herabgesetzt wird und es sich als rotbraunes Pulver ausscheidet. An den Stellen aber, wo sich die Alkalichloride befinden, wird das aufgesprühte $AgNO_3$ zur AgCl-Bildung verbraucht. Dort bleibt die ursprüngliche gelbe Farbe der Fluorescein-Lösung erhalten. Erst nachdem ein Überschuß an $AgNO_3$ aufgesprüht wurde, trat auch an diesen Orten eine Bräunung ein.

Die Adsorptionsisothermen bei diesem Verfahren haben nach Martin nahezu idealen Charakter. Infolgedessen waren die Fleckränder sehr scharf begrenzt und ließen exakte R_F-Bestimmungen zu. Burstall—Davies machen nur grobe Angaben über die R_F-Werte. Immerhin ist, wie aus Tabelle 2 ersichtlich, die Übereinstimmung mit den eigenen Beobachtungen bis auf das KCl eine leidlich gute:

Tabelle 2

Substanz	R_F-Lit.	R_F beob.
NaCl	0,5	0,49
KCl	0,1	0,30
LiCl	0,8	0,80

Wie bereits vorhin erwähnt, konnten weder aus den Fleckgrößen bzw. deren Gewichten (planimetrische und gravimetrische Verfahren) mit reproduzierbarer Genauigkeit exakte quantitative Aussagen gemacht werden. Trotz zahlreicher Versuche konnte weder eine lineare noch eine Exponentialabhängigkeit der Flächengrößen bzw. deren Gewichte gefunden werden.

Positiv auf quantitative Angaben fielen die Versuche nach dem Trennungsverfahren, wie es ERLENMEYER, SORKIN und andere beschrieben, aus. Zwar geben diese Autoren auch eine (halb)quantitative Bestimmungsmöglichkeit der Alkaliviolurate mittels eines planimetrischen Verfahrens an. Dieser Weg wurde aber hier nicht beschritten, sondern eine andere Methode ausgearbeitet.

Die chromatographierten Azetate der Alkalien wurden nach dem Trocknen mit Violursäure besprüht. Die gebildeten Violurate ließen sich leicht mit Wasser aus dem Papier extrahieren und die Farbintensitäten der so gewonnenen Lösungen kolorimetrisch ermitteln. Da hiebei mit extrem verdünnten Lösungen gearbeitet wurde (m/100-Lösungen), wäre zu erwarten, daß deren Lichtabsorptionen ziemlich streng dem Lambert-Beer'schen Gesetz folgen sollten:

$I = I_0 \cdot e^{-\varkappa . c . d}$, wobei:
I = gemessene Intensität
I_0 = Anfangsintensität
$\varkappa$ = Absorptionskoeffizient
c = Konzentration der Lösung
d = Schichtdicke

Auf Grund aufzustellender Eichkurven für Reinstoffe und Stoffgemische sollte die Brauchbarkeit und Reproduzierbarkeit dieses Verfahrens überprüft werden. Im einzelnen wurde folgendermaßen vorgegangen:

Zunächst wurden vom Lithium, Natrium und Kalium neutrale Azetatlösungen von bekanntem Gehalt hergestellt. Beim Na^+ wurden beispielsweise etwa 120 g $CH_3COONa \cdot 3H_2O$ in genau 200 cm³ H_2O gelöst. 100 cm³ dieser Lösung dienten zur genauen Ermittlung des Natriumgehaltes. Dafür wurden aliquote Teile in einer Platinschale mehrmals mit HCl abgeraucht und das trockene NaCl gewogen. Auf Grund des ermittelten Na^+-Gehaltes wurden sodann die restlichen 100 cm³ Natriumazetatlösung so lange mit Wasser verdünnt, bis 1 ml genau 0,1 g Na^+ enthielt. Genauso wurde mit den Lösungen des Kaliums und Lithiums verfahren.

Mit diesen so vorbereiteten Lösungen wurden zunächst deren R_F-Werte ermittelt. Die Laufgeschwindigkeiten der Chromatogramme waren wesentlich langsamer als bei den vorgenannten

Methoden. Bei gleicher Meßstrecke von 30 cm wurden Zeiten von 10—14 Stunden registriert, so daß die Chromatogramme unbeaufsichtigt in der Nacht laufen konnten und tagsüber deren Auswertung erfolgte. Es wurde absteigend mit einem stets frisch zubereitetem Gemisch von 80 Vol.-% 96%igem Äthanol und 20 Vol.-% 2n-Essigsäure bei einer Temperatur von 20°C chromatographiert.[2]

Nach einer kurzen Trockenzeit bei etwa 60°C wurde mit 0,1 m-wäßriger Violursäurelösung besprüht. Die Ionen zeigten sich als mäßig scharf begrenzte Flecke von roter bis violetter Farbe.

Tabelle 3

Ion	R_F-Lit. (aufsteigend)	R_F beob. (absteigend)	Farbreaktion
Li^+	0,76 ± 0,002	0,65	rot—violett
K^+	0,45 ± 0,006	0,45	violett
Na^+	0,56 ± 0,006	0,55	violett, rotstichig
(Ca^{2+}	0,68 ± 0,06	0,58	orange)

Sodann wurden von den einzelnen Reinstoffen Meßreihen angestellt, indem Volumina von 0,1 bis 1,6 μl in Abständen von 0,1 μl (entsprechend Substanzmengen von 0,1 bis 1,6 mg Metall-Ion) auf die Startpunkte aufgetragen und diese chromatographiert wurden. Nach der Entwicklung mit Violursäure und Trocknen bei 60° wurden die Farbflecke ausgeschnitten und mit etwas weniger als 10 ml H_2O in kleinen Kölbchen unter vorsichtigem Erwärmen auf 60° im Rückfluß extrahiert. Die gefärbten wäßrigen Lösungen wurden in Meßkölbchen geleert und nach dem Erkalten auf 10 ml aufgefüllt. Diese Volumsmenge diente als Bezugsvolumen für die Eichkurven. Die Lichtabsorption bzw. die Extinktion der rosa bis violett gefärbten Lösungen wurde auf einem lichtelektrischen Kolorimeter „Lumetron“ unter Verwendung eines Farbfilters 550 mμ (gelbgrün), das die stärkste Lichtschwächung zeigte, gegenüber reinem Wasser in den zu dem Gerät passenden prismatischen Küvetten gemessen. Die Ableseskala des Instruments ist in 100 Teilstriche geteilt, wobei 100 keine und 0 vollständige Lichtabsorption ergeben. Im Mittel wurden folgende Werte beobachtet:

[2] Es ist wichtig, daß dieses Lösungsmittelgemisch vor dem Chromatographieren frisch zubereitet wird. Der Äthylalkohol wird nach einiger Zeit durch die Essigsäure verestert:

$$CH_3COOH + C_2H_5OH \rightarrow CH_3COOC_2H_5 + H_2O$$

Der dabei entstehende Essigsäureäthylester besitzt andere Adsorptionsisothermen und es kommt zu einer Veränderung der R_F-Werte.

Tabelle 4

mg	Li^+	Na^+	K^+
0,1	95,17	95,83	97,59
0,2	90,71	92,22	95,09
0,3	86,99	88,94	92,57
0,4	83,97	86,85	90,07
0,5	81,50	83,11	87,63
0,6	79,88	80,69	85,07
0,7	78,21	78,53	82,68
0,8	76,92	76,45	80,15
0,9	75,76	74,67	77,57
1,0	74,63	73,15	74,21
1,1	73,80	71,91	72,80
1,2	72,89	70,61	70,65
1,3	72,11	69,48	68,67
1,4	71,58	68,47	67,13
1,5	70,92	67,49	65,70
1,6	70,33	66,62	64,22

Diese ermittelten Werte wurden, wie Abb. 2 zeigt, graphisch dargestellt.

Ergänzend zu den Reinstoffkurven der Alkalien wurden noch Chromatogramme der Zweistoffsysteme Li—K, Li—Na und Na—K aufgenommen, wobei mit verschiedenen Mischungsverhältnissen experimentiert wurde. Dabei wurde so vorgegangen, daß ein Stoff, wie bei der Aufstellung der Eichkurven für die Reinstoffe, jeweils in Mengen von 0,1—1,6 mg (entsprechend 0,1—1,6 µl) in Intervallen von 0,1 mg aufgetragen wurde, sein Mischungspartner in Abständen von 0,3 zu 0,3 mg konstant gehalten wurde. Im Falle vollständiger Trennung der Substanzen müßten die jeweils ermittelten Kurven mit den Eichkurven der Reinstoffe zusammenfallen. Dies trat jedoch nicht ein, sondern die Meßkurven der binären Systeme wiesen Abweichungen von den Reinstoffkurven auf, wie aus den Abbildungen 3—5 ersichtlich ist.

4. Diskussion der experimentellen Ergebnisse

Violursäure ist eine sehr schwache organische Säure von der Bruttoformel $C_4H_3O_4N_3$ und einer Dissoziationskonstante $K = 1{,}99 \cdot 10^{-5}$. Sie ist ein Derivat der Harnsäure und besitzt folgende Konstitutionsformel:

$$HO{-}N{=}C\begin{matrix}\diagup CO{-}NH \diagdown \\ \diagdown CO{-}NH \diagup\end{matrix}CO$$

Ihre wäßrige Lösung hat ganz schwache rosa Farbe. Der Hydroxylwasserstoff ist gegen Metalle austauschbar, wenn diese

I (%)
65
70
75
80
85
90
95
Kolorimetrische Eichkurven der
Alkalivioluratlösungen (Reinstoffe)
Filter: 550 mμ
Bezugsvol.: 10 cm³
Na⁺-Kurve
K⁺-Kurve
Li⁺-Kurve
0,2
0,4
0,6
0,8
1,0
1,2
1,4
1,6 mg Alk⁺
x 1,3479 = Na₂O
x 1,2046 = K₂O
x 2,15275 = Li₂O

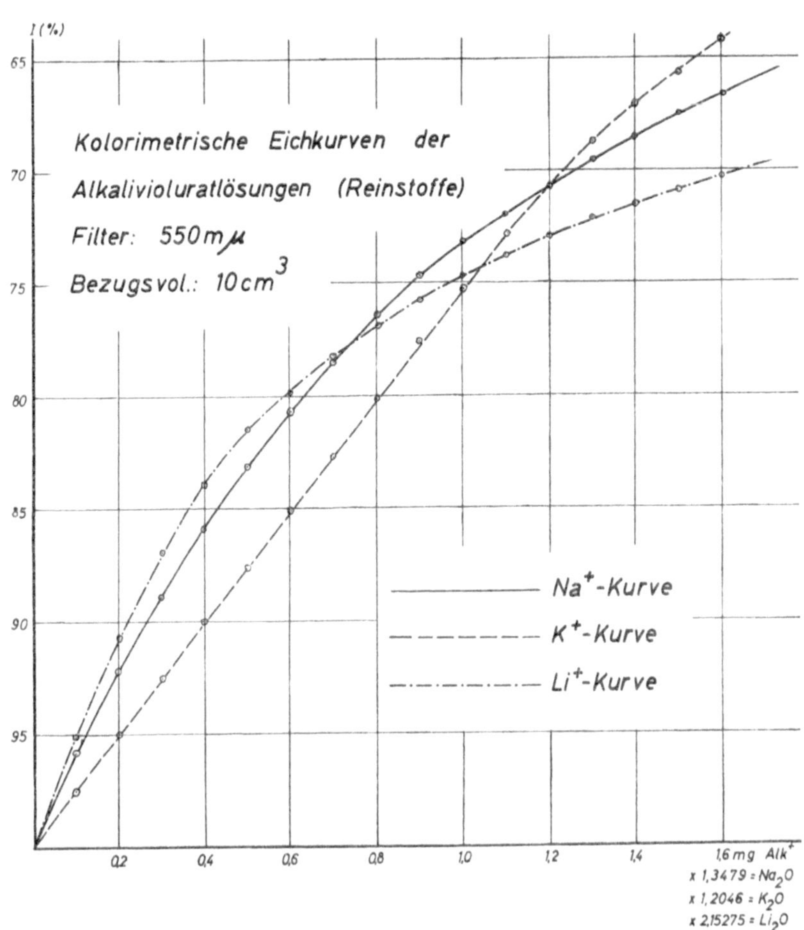

Abb. 2

I (%)
65
70
75
80
85
90
95
Eichkurve d. Reinst. Na⁺
Na⁺-Eichkurve + 0,3 mg K⁺ od. Li⁺ od. (K⁺ + Li⁺)
Na⁺-Eichkurve + 0,6 mg K⁺ od. Li⁺ od. (K⁺ + Li⁺)
Na⁺-Eichkurve + 0,9 mg K⁺ od. Li⁺ od. (K⁺ + Li⁺)
Na⁺-Eichkurve + 1,2 mg K⁺ od. Li⁺ od. (K⁺ + Li⁺)
Na⁺-Eichkurve + 1,5 mg K⁺ od. Li⁺ od. (K⁺ + Li⁺)
0,2
0,4
0,6
0,8
1,0
1,2
1,4
1,6 mg Na⁺
x 1,3479 = Na₂O

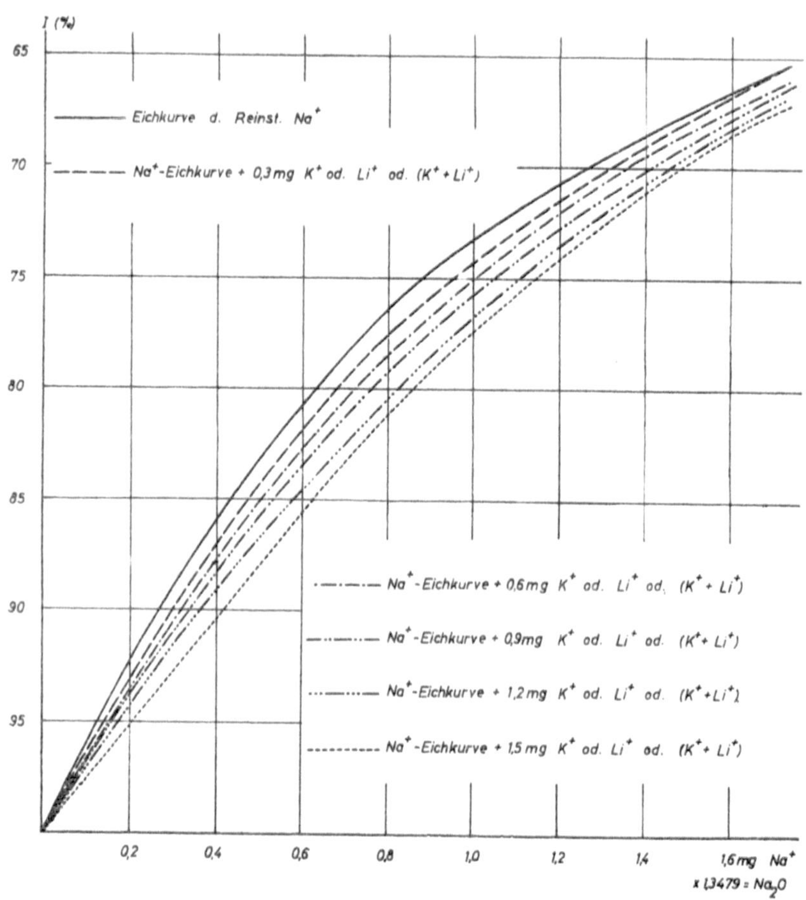

Abb. 3

I (%)
65
70
75
80
85
90
95
Eichkurve d. Reinst. K^+
K^+-Eichkurve + 0,3 mg Na^+ od. Li^+ od. (Na^+ + Li^+)
K^+-Eichkurve + 0,6 mg Na^+ od. Li^+ od. (Na^+ + Li^+)
K^+-Eichkurve + 0,9 mg Na^+ od. Li^+ od. (Na^+ + Li^+)
K^+-Eichkurve + 1,2 mg Na^+ od. Li^+ od. (Na^+ + Li^+)
K^+-Eichkurve + 1,5 mg Na^+ od. Li^+ od. (Na^+ + Li^+)
0,2
0,4
0,6
0,8
1,0
1,2
1,4
1,6 mg K^+
x 1,2046 = K_2O

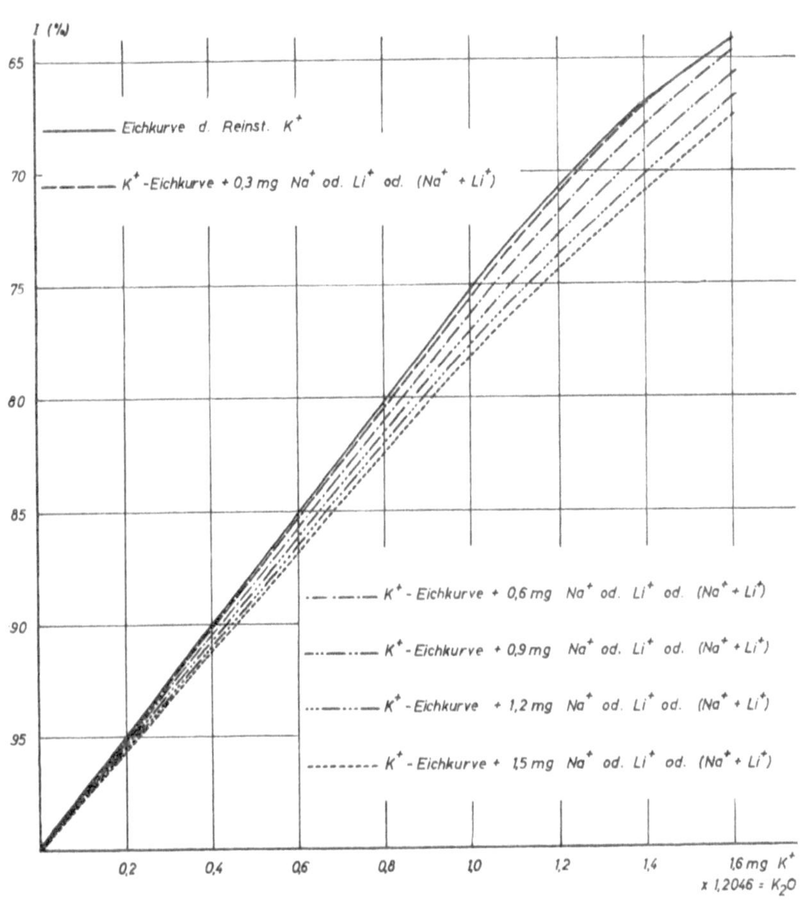

Abb. 4

I (%)
65
70
75
80
85
90
95
Eichkurve d. Reinst. Li⁺
Li⁺-Eichkurve + 0,3 mg Na⁺ od. K⁺ od. (Na⁺ + K⁺)
Li⁺-Eichkurve + 0,6 mg Na⁺ od. K⁺ od. (Na⁺ + K⁺)
Li⁺-Eichkurve + 0,9 mg Na⁺ od. K⁺ od. (Na⁺ + K⁺)
Li⁺-Eichkurve + 1,2 mg Na⁺ od. K⁺ od. (Na⁺ + K⁺)
Li⁺-Eichkurve + 1,5 mg Na⁺ od. K⁺ od. (Na⁺ + K⁺)
0,2
0,4
0,6
0,8
1,0
1,2
1,4
1,6 mg Li⁺
x 2,15275 = Li₂O

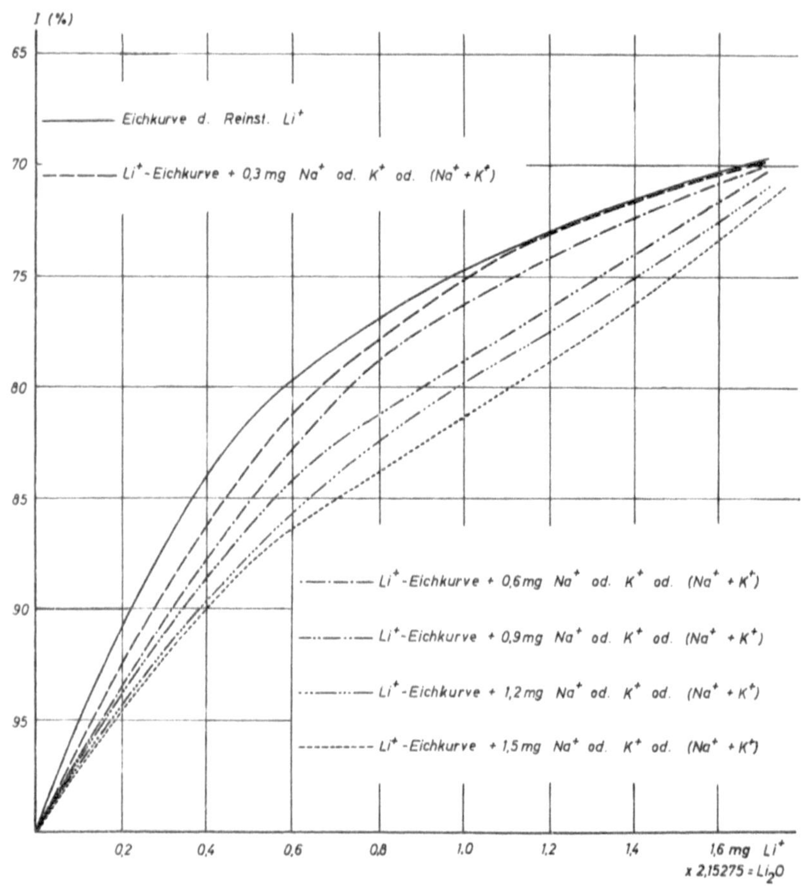

Abb. 5

als Kationen schwacher Säuren (mit Dissoziationskonstanten, die größenordnungsmäßig der der Violursäure entsprechen, z. B. CH_3COOH) vorliegen. Es bilden sich dabei die entsprechenden Violurate nach folgendem Schema:

$$CH_3COONa + HO{-}N{=}C\begin{matrix} \diagup CO{-}NH \diagdown \\ \diagdown CO{-}NH \diagup \end{matrix}CO \rightleftharpoons$$

$$\rightleftharpoons NaO{-}N{=}C\begin{matrix} \diagup CO{-}NH \diagdown \\ \diagdown CO{-}NH \diagup \end{matrix}CO + CH_3COOH$$

Das Gleichgewicht der Reaktion liegt praktisch völlig auf der rechten Seite.

Entgegen der Violursäure sind die Violurate stark dissoziiert:

$$Na^+ + \left[\overset{(-)}{O}{-}N{=}C\begin{matrix} \diagup C(=O){-}NH \diagdown \\ \diagdown C(=O){-}NH \diagup \end{matrix}C{=}O \right]^-$$

In dieser Form vermag der Säurerest mehrere mesomere Zustände einzunehmen, von denen diejenigen, die ein konjugiertes System an Doppel- und Einfachbindungen aufweisen, am beständigsten und für die Ausbildung der charakteristischen violetten Färbungen verantwortlich sind.

$$\left[\overset{(-)}{O}{-}N{=}C\begin{matrix} \diagup C(=O){-}NH \diagdown \\ \diagdown C(=O){-}NH \diagup \end{matrix}C{=}O \right]^- \longleftrightarrow \left[\overset{(-)}{O}{-}N{=}C\begin{matrix} \diagup C(\overset{(-)}{O}){=}\overset{(+)}{N}H \diagdown \\ \diagdown C(\overset{(-)}{O}){=}\overset{(+)}{N}H \diagup \end{matrix}C{=}O \right]^-$$

$$\updownarrow$$

$$\left[O{=}N{-}C\begin{matrix} \diagup C(\overset{(-)}{O}){-}\overset{(+)}{N}H \diagdown \\ \diagdown C(\overset{(-)}{O}){=}\overset{(+)}{N}H \diagup \end{matrix}C{-}\overset{(-)}{O} \right]^- \longleftrightarrow \left[O{=}N{-}C\begin{matrix} \diagup C(\overset{(-)}{O}){=}\overset{(+)}{N}H \diagdown \\ \diagdown C(\overset{(-)}{O}){-}\overset{(+)}{N}H \diagup \end{matrix}C{-}\overset{(-)}{O} \right]^-$$

Farbe!

Ist aber das auszutauschende Metall-Ion an Reste starker Säuren gebunden (Cl^-, NO_3^-, SO_4^{--} usw.), so wird die Eigendissoziation des Violurates erheblich herabgesetzt. Dadurch wird die Farbreaktion sehr unterdrückt bzw. kann sie gänzlich ausbleiben. Durch dieses Verhalten sind zwei Erscheinungen erklärbar:

A. Es wurde beobachtet, daß nach dem Chromatographieren mit Collidin-Salpetersäuregemisch und Entwickeln mit Violursäure die Farbflecke der Alkalien von sehr geringer Intensität waren. Da Salpetersäure eine starke Säure ist und die im Papier zurückbleibenden NO -Ionen die Dissoziation der Violurate herabsetzen, ist dieser Effekt ohne weiteres deutbar.

B. Durch die Abhängigkeit der Dissoziation der Violurate von der H^+-Ionenkonzentration tritt eine Krümmung der eigentlich nach dem Lambert-Beer'schen Gesetz linear verlaufenden Kurven ein. Zwischenmolekulare Reaktionen der gelösten Stoffe sind bei diesen geringen Konzentrationen auszuschließen. Die Abhängigkeit der Eigendissoziation der Violurate von der H^+-Ionenkonzentration wurde auch durch einen einfachen Versuch bestätigt:

Zu den rotvioletten wäßrigen neutralen Lösungen der Violurate des Lithiums, Natriums und Kaliums wurden wenige Tropfen essigsäurehaltigen Wassers gegeben. Der Farbton blaßte sogleich beim Lithiumviolurat stark, beim Natriumviolurat mäßig und beim Kaliumviolurat kaum aus. Das bedeutet, daß die Lichtabsorption des Li-Violurates am stärksten und die des K-Violurates am wenigsten von der Wasserstoff-Ionenkonzentration abhängig ist. Infolgedessen muß die Eichkurve des Li-Violurates die stärkste, die des K-Violurates die schwächste Krümmung aufweisen, was auch tatsächlich eintritt. In den Chromatogrammen sind nun die H^+-Ionen durch die Anwendung des Gemisches Essigsäure—Äthanol vorhanden, die sodann die Eigendissoziation der Alkaliviolurate und somit die Ausbildung der gefärbten mesomeren Grenzzustände etwas hintanhalten.

Wesentlich komplexer sind die Gründe, weshalb die Meßkurven, die von den Zwei- und Dreistoffsystemen erhalten wurden, nicht mit denen der Reinstoffe zusammenfallen. Zwei Faktoren können dafür verantwortlich sein:

A. Schlechte Trennung der Substanzen untereinander.

B. Abweichung der H^+-Ionenkonzentration gegenüber denen, wie sie in den Meßkurven der Reinstoffe auftraten.

Zu Punkt A.

Diese Möglichkeit war von vornherein nicht vollends auszuschließen. Bereits bei der Ermittlung der R_F-Werte zeigte sich, daß die Fleckränder nicht extrem scharf begrenzt waren. Bei Chromatographierung größerer Substanzmengen trat eine zunehmende Verwaschung der Ränder ein. Dadurch, daß die Adsorptionsisothermen keinen idealen Verlauf aufweisen, können geringe Substanzmengen im Chromatogramm verlorengehen oder bei einem anderen mitgeführten Mischungspartner verbleiben.

Um dies zu überprüfen, wurden die Extrakte, wie sie aus den Farbflecken gewonnen wurden, nach der Kolorimetrierung mit einem Beckmann-Flammenphotometer quantitativ ausgewertet. Dabei wurde folgendes festgestellt:

a) Untersuchung der Na^+-Flecke, Mischungspartner K^+ und Li^+. K^+ verblieb bis zu etwa 1% (bei großen Stoffmengen bis etwa 2%) beim Na^+, Li^+ spurenweise bis etwa 0,1%.
b) Untersuchung der K^+-Flecke, Mischungspartner Na^+ und Li^+. Na^+ verblieb bis zu etwa 1% beim K^+, Li^+ nur spurenweise.
c) Untersuchung der Li^+-Flecke, Mischungspartner Na^+ und K^+. Na^+ verblieb bis zu etwa 0,5% bei Li^+, K^+ nur spurenweise.

Alles in allem sind die Trenneffekte doch recht gut. Wenn auch in Extremfällen bis zu 2% Fremd-Ionen bei einem Mischungspartner verblieben, so ist doch nicht einzusehen, daß die Kurven solche beträchtliche Abweichungen dadurch erleiden sollten. Überdies müßten sich, da ein wechselseitiges Verbleiben der Ionen festzustellen war, zumindest teilweise die Fehler kompensieren bzw. das ein oder andere Mal Abweichungen der Kurven nach der anderen Seite hin auftreten. Wie aber aus den Abbildungen ersichtlich, erleiden sämtliche Reinstoffkurven durch die Anwesenheit von Mischungspartnern eine Abweichung nach rechts, und zwar umsomehr, je größer die zugesetzte Menge des Mischungspartners ist. Es muß daher der vorhin angeführte Punkt B der wesentliche Faktor für diese Kurvenabweichungen sein.

Zu Punkt B.

Es wurde festgestellt, daß die Farbflecke, die durch Chromatographieren von Stoffgemischen erhalten wurden, eine größere Fläche einnahmen als die der Reinstoffe gleicher aufgetragener Alkalimengen. So wuchsen die Farbflecke des Li^+, wenn es zusammen mit Kalium oder Natrium chromatographiert wurde, gegenüber denen des Li^+ als Reinstoff um ein beträchtliches, die des K^+ nahmen hingegen wesentlich weniger an Fläche zu. Die des Na^+ lagen in ihrer Vergrößerung zwischen den beiden Ionen. Die R_F-Werte wurden dadurch nicht beeinträchtigt. Dadurch, daß 10 cm^3 jeweils als Bezugsvolumen für die kolorimetrischen

A. Oligoklas von Sultan Hamud, Kenya.

Zur Alkalibestimmung wurden 0,1000g in bekannter Weise nach Smith—Lawrence aufgeschlossen. (Phosphorsäureaufschlüsse, wie sie Schmidt für Silikate angibt, versagen bei Gerüstsilikaten.) Nach Abscheidung des Kalziums und Abrauchen der Ammonsalze wurde zunächst die Summe der Alkalichloride bestimmt, und diese dann, wie beschrieben, mittels Anionenaustauscher in die Azetate übergeführt. Diese wurden eingedampft und in 1 ml Wasser aufgenommen.

Zur Na^+-Bestimmung wurden jeweils 20 µl chromatographiert. Im Mittel ergab sich bei 10 Chromatogrammen 94,79% Lichtdurchgang. Bei diesen aufgetragenen Substanzmengen fanden sich keine Farbflecke bei einem R_F-Wert von 0,45 (K^+). Deshalb wurde für die Auswertung die Na^+-Reinstoffkurve herangezogen, die nach Umrechnung auf die Einwaage 9,00% Na_2O ergab. K^+-Flecke zeigten sich erst bei Chromatographierung von 50 µl. Dabei wurden als mittlere Transparenz 99,72% festgestellt. Bei diesem hohen Lichtdurchgang fallen die K^+-Eichkurven von 0,0 bis 1,5 mg Na^+-Gehalt praktisch zusammen, da der Ablesepunkt fast im Ursprung liegt. Nach Umrechnung auf die Einwaage wurden 0,29% K_2O ermittelt. Gegenüber den bekannten Werten des Feldspates, die auf chemischem, optischem, röntgenographischem und spektrographischem Wege ermittelt wurden, ergibt sich folgendes Bild:

Tabelle 6

Oligoklas von Kenya

	Gew.-% Lit.	Gew.-% beob.	rel.- Fehler	abs.- Fehler
SiO_2	63,95			
Al_2O_3	22,57			
Fe_2O_3	0,12			
FeO	0,00			
MgO	0,02			
CaO	3,63			
Na_2O	9,44	9,00	— 4,5%	—0,44%
K_2O	0,24	0,29	+25 %	+0,04%
H_2O^-	0,00			
TiO_2	0,01			
P_2O_5	0,06			
MnO	0,00			
Summe	100,04			

B. Sanidin von Griechenland.

Hier waren die Ergebnisse wesentlich besser. Verfahrensmäßig wurde ebenso wie vorhin vorgegangen. Die Summe der Chloride betrug bei einem Gramm Einwaage 0,2412 g. Beim Chromatographieren wurde aus den entstandenen Fleckgrößen von K zu Na auf etwa 4:1 geschätzt. Die mittlere Transparenz für das Na^+ lag bei Chromatographierung von jeweils 20 µl bei 87,75%, die bei Anwendung der Eichkurve —..—..—..— (Abb. 3) 0,425 mg Na^+ bzw. 0,568 mg Na_2O ergaben. Bezogen auf die Einwaage sind dies 0,02125 g Na^+ bzw. 0,0284 g Na_2O, die 2,84% Na_2O oder 0,0536 g NaCl entsprechen. Für die Kaliumbestimmung wurden jeweils 10 µl chromatographiert. Bei diesen aufgetragenen Mengen waren die Na^+-Flecke bereits sehr klein und undeutlich, so daß für die Auswertung die Kalium-Reinstoffkurve herangezogen wurde. Die mittlere Transparenz betrug 75,72%, das sind 0,978 mg K^+ bzw. 1,178 mg K_2O. Umgerechnet auf die Einwaage ergaben sich 0,0978 g K^+ bzw. 0,1178 g K_2O, das sind 11,78% K_2O oder 0,1866 g KCl. Die aus diesen Werten errechnete Summe der Chloride beträgt 0,0536 g + 0,1866 g = 0,2402 g, die auf ½% mit der tatsächlich ermittelten übereinstimmt.

Gegenüber den bekannten Werten ergibt sich folgendes Bild:

Tabelle 7

	Gew.-% Lit.	Gew.-% beob.	rel.- Fehler	abs.- Fehler
SiO_2	63,10			
Al_2O_3	19,10			
Fe_2O_3	0,98			
FeO	0,19			
MnO	Sp.			
CaO	0,82			
MgO	Sp.			
K_2O	11,90	11,78	—1%	—0,12%
Na_2O	2,86	2,84	—1%	—0,02%
H_2O^-	0,09			
H_2O^+	0,51			
Summe	99,55			

6. Schlußbetrachtung

Bei sorgfältiger Arbeitsweise kann die quantitative papierchromatographische Bestimmung der Alkalien den gewöhnlichen naßchemischen Methoden ebenbürtig sein. Unter Bedachtnahme bestimmter Vorsichtsregeln sind Alkalizweistoffgemische in einem Arbeitsgange nebeneinander bestimmbar. Dreistoffgemische von Alkalien lassen sich nicht quantitativ bestimmen. Die Bestimmungsfehler liegen etwa in denselben Größenordnungen wie bei naßchemischen Verfahren. Sie werden auch bei extremen Mischungsverhältnissen nicht wesentlich größer, was bei den naßchemischen Methoden nicht immer der Fall ist. Der Zeitaufwand bei papierchromatographischen Bestimmungen ist etwa der gleiche wie bei den anderen chemischen Verfahren.

Literatur

Burstall, F. H., C. R. Davies, C. R. Linstead u. R. P. Wells: Inorganic Chromatography on Cellulose (Part II): The Separation and Detection of Metals and Acid Radicals on Strips of Absorbent Paper. Journ. Chem. Soc. 1950, S. 516.

Consden, R., A. H. Gordon u. A. J. P. Martin: Qualitative analysis of proteins: a partition chromatographic method usind paper. Biochem. Journ. *38*, S. 224 (1944).

Cramer, F.: Papierchromatographie. 4. Aufl., Chemie, Weinheim 1958.

Erlenmeyer, H., H. v. Hahn, E. Sorkin u. H. Seiler: Eine papierchromatographische Trennung und Bestimmung der Alkali- und Erdalkali-Ionen. Helv. chim. acta *34*, S. 1419 (1951).

Gordon, A. H., A. J. P. Martin u. R. L. M. Snyge: Technical notes on the partition chromatography of acetoamino acids with Silika gel. Biochem. Journ. *38*, S. 65 (1944).

Helfferich, F.: Ionenaustauscher, Bd. I. Chemie, Weinheim 1959.

Lederer, M.: Separation of Chloride Group Anions by Partition Chromatography on Paper. Science, *110*, S. 115 (1949).

— Inorganic Paper Chromatography. Nature *162*, S. 777 (1949); ebd. *163*, S. 598 (1949).

— The separation of the copper and tin groups by partition chromatography on paper. Anal. chim. acta *3*, S. 476 (1949).

— The paper chromatography of inorganic cations. Ebd. *4*, S. 629 (1950).

Martin, A. J. P.: The principles of chromatography. Endeavour *6*, S. 21 (1947).

Mattson, S.: Laws of ionic exchange. Kgl. Landbruks-Hogsk. Ann. *15*, S. 308 (1948).

Pollard, F. H., J. P. W. McOmie u. I. I. M. Elbeih: The application to qualitative Analysis of the separation of inorganic metallic compounds on filter paper by partition chromatography. Faraday Soc. Disc. Nr. *7*, S. 183 (1949).

Pollard, F. H., J. F. W. McOmie u. I. I. Elbeih: Analysis of Inorganic Compounds by Paper Chromatography. Journ. Chem. Soc. 1951, S. 466.

POLLARD, F. H., J. F. W. MCOMIE u. H. H. STEVANS: The analysis of Inorganic Compounds by Paper Chromatography, Part. III: A Scheme for the Qualitative Analysis of an Unknown Mixture of Cations. Journ. Chem. Soc. 1951, S. 771.

POLLARD, F. H. u. J. F. W. MCOMIE: Chromatographic Methods of Inorganic Analysis. Butterworths, London 1953.

SAMUELSON, O. u. E. SJÖRSTRÖM: Ion oxchange Method for Determination of Alkali Metals in Presence of Calcium and Magnesium. Anal Chem. *26*, S. 1908 (1954).

SCHMIDT, K. G.: Der Phosphorsäureaufschluß zur Bestimmung des Gehaltes an freier Kieselsäure. Ber. d. dtsch. ker. Ges. *31*, S. 402 (1954).

SEILER, H., E. SORKIN u. H. ERLENMEYER: Qualitative und quantitative Bestimmung papierchromatographisch getrennter Metallionen. Helv. chim. acta *35*, S. 120 (1952).

TREADWELL, F. P.: Kurzes Lehrbuch der analytischen Chemie, Bd. II. 11. Aufl. Deuticke, Wien, S. 423.

Die in den Sitzungsberichten Abtlg. I und Abtlg. II der math.-nat. Klasse der Österr. Ak. d. Wiss. erscheinenden Abhandlungen werden auch einzeln abgegeben. Sie können durch jede Buchhandlung oder direkt durch die Auslieferungsstelle der Österreichischen Akademie der Wissenschaften (Wien I, Singerstraße 12) bezogen werden.

Nachfolgende Abhandlungen aus dem Fache **Botanik** (Biologie) sind erschienen:

1957 (S I Bd. 166):

Politis J.: Über die „Tanninoplasten" oder Gerbstoffbildner der Crassulaceae (mit 2 Textabbildungen und 1 Tafel). S 6.—

Politis J.: Über einen neuen Pflanzenfarbstoff in den Blüten einiger Verbascum-Arten (mit 2 Tafeln). S 5.20

Übeleis Ilse: Osmotischer Wert, Zucker- und Harnstoffpermeabilität einiger Diatomeen (mit 1 Textabbildung). S 30.40

1958 (S I Bd. 167):

Höfler Karl: Permeabilitätsstudien an Parenchymzellen der Blattrippe von Blechnum spicant (mit 5 Textabbildungen). S 45.—

Rechinger K. H., Dulfer H. und Patzak A.: Sirjaevii fragmenta astragalogica IV. S 38.10

Url Walter: Zur Wirkung der Atmungsgifte Natriumazid und Dinitrophenol auf die Permeabilität von Blechnum spicant-Zellen (mit 3 Textabbildungen). S 25.—

Wawrik Friederike: Hochgebirgs-Kleingewässer im Arlberggebiet III (mit 8 Textabbildungen und 1 Tafel). S 18.90

1959 (S I Bd. 168):

Biebl Richard: Röntgenstrahlenwirkungen auf Commelinaceenstecklinge (Total- und Partialbestrahlungen) (mit 9 Tabellen und 5 Textabbildungen). S 31.20

Höfler Karl: Über die Gollinger Kalkmoosvereine (mit 1 Textabbildung und 1 Tafel). S 34.50

Höfler Karl und Fetzmann Elsa Leonore: Algen-Kleingesellschaften des Salzlackengebietes am Neusiedler See I (mit 1 Tafel). S 21.50

Hustedt Friedrich: Die Diatomeenflora des Salzlackengebietes im österreichischen Burgenland (mit 31 Textabbildungen und 1 Tafel). S 53.90

Luhan Maria: Zur Wurzelanatomie unserer Alpenpflanzen. IV. Compositae (mit 9 Textabbildungen und 4 Tafeln). S 36.90

Pfoser Karl: Vergleichende Versuche über Verholzungsreaktionen und Fluoreszenz (mit 2 Textabbildungen und 2 Tafeln). S 18.70

Rechinger K. H., Dulfer H. und Patzak A.: Sirjaevii fragmenta astragalogica. S 29.40

Wendelberger Gustav; Die Vegetation des Neusiedler See-Gebietes. S 7.20

1960 (S I Bd. 169):

Bolay Erika: Die Vitalfärbung voller Zellsäfte und ihre cytochemische Interpretation (mit einer Textabbildung und 5 Tafeln). S 49.—

Ehrendorfer F.: Neufassung der Sektion Lepto-Galium Lange und Beschreibung neuer Arten und Kombinationen (zur Phylogenie der Gattung Galium, VII). S 12.—

Franz Gertrude: Die Mikroflora einiger Standorte im Leithagebirge in ihrer Abhängigkeit von Boden und Vegetationsdecke (mit 22 Textabbildungen). S 88.—

Prussinszky S.: Über Trocken- und Feuchtluftresistenz des Pollens (mit 12 Abbildungen auf 6 Tafeln). S 63.40

1961 (S I Bd. 170):

Fetzmann Elsalore, Vegetationsstudien im Tanner Moor (Mühlviertel, Oberösterreich) (mit 2 Textabbildungen und 2 Tafeln). S 170–3, S 23.–

Pruzsinszky Siegfried und **Url** Walter, Ein Beitrag zur Desmidiaceenflora des Lungaues. S 170–1, S 9.–

Rechinger K. H., **Dufler** H. und **Patzak** A., Sirjaevii fragmenta astragalogica XIII. bis XVII. Teil. S 170–2, S 56.–

1962 (S I Bd. 171):

Niklfeld Harald, Über die Pflanzengesellschaften der Fels- und Mauerspalten Südfrankreichs (mit 1 Textabbildung und 1 Falttabelle) 171–23, S 52.–

Url Walter, Permeabilitätsversuche an Stengelepidermiszellen von Gentiana germanica und Gentiana ciliata (mit 3 Textabbildungen) 171–16, S 40.–

GPSR Compliance
The European Union's (EU) General Product Safety Regulation (GPSR) is a set of rules that requires consumer products to be safe and our obligations to ensure this.

If you have any concerns about our products, you can contact us on

ProductSafety@springernature.com

In case Publisher is established outside the EU, the EU authorized representative is:

Springer Nature Customer Service Center GmbH
Europaplatz 3
69115 Heidelberg, Germany

www.ingramcontent.com/pod-product-compliance
Ingram Content Group UK Ltd.
Pitfield, Milton Keynes, MK11 3LW, UK
UKHW040028200726
13854UKWH00001B/412

* 9 7 8 3 6 6 2 2 6 8 2 3 0 *